BEI GRIN MACHT SICH IHR WISSEN BEZAHLT

- Wir veröffentlichen Ihre Hausarbeit, Bachelor- und Masterarbeit

- Ihr eigenes eBook und Buch - weltweit in allen wichtigen Shops

- Verdienen Sie an jedem Verkauf

Jetzt bei www.GRIN.com hochladen und kostenlos publizieren

Carolin Duda

Rentnerresidenzen im "europäischen Sunbelt"

GRIN Verlag

Bibliografische Information der Deutschen Nationalbibliothek:

Die Deutsche Bibliothek verzeichnet diese Publikation in der Deutschen National-
bibliografie; detaillierte bibliografische Daten sind im Internet über http://dnb.d-
nb.de/ abrufbar.

Impressum:

Copyright © 2006 GRIN Verlag GmbH
Druck und Bindung: Books on Demand GmbH, Norderstedt Germany
ISBN: 978-3-638-92021-6

Hochschule Vechta
Fachgebiet Geographie

Ausarbeitung eines Referats im Rahmen des Seminars:

**„Spezialfragen der Anthropogeographie:
Fremdenverkehrsgeographie"**

Thema: **„Rentnerresidenzen im «europäischen Sunbelt»"**

Sommersemester 2006

Inhaltsverzeichnis

1 Einleitung

Im Rahmen des Seminars „Spezialfragen der Anthropogeographie: Fremdenverkehrsgeographie" soll es im Folgenden um das Thema „Rentnerresidenzen im «europäischen Sunbelt»" als ein Bereich des Tourismus gehen. Obwohl das Thema der „Rentnerresidenzen" noch nicht sehr umfassend erforscht und verbreitet wurde, lässt sich ein immer stärkerer Trend in diese Richtung beobachten.

Aufgrund hochgradiger Globalisierungsprozesse gewinnt die individuelle Mobilität immer stärker an Bedeutung. Gleichzeitig unterliegen die wesentlichen Träger der Globalisierung, die modernen Gesellschaften, einem beschleunigten demographischen Alternsprozess. In der heutigen Zeit kann man es als ein Phänomen bezeichnen, dass ältere Menschen, die im Ruhestand sind, in landschaftlich reizvolle und klimatisch attraktive Gegenden ziehen.[1]

Um sich dem Thema „Rentnerresidenzen im «europäischen Sunbelt»" zu nähern, soll zunächst ein Überblick über den Residenz-Tourismus, dessen Entstehung, die Residenten selbst sowie deren Gründe sich für einen Wohnsitz im Ausland zu entscheiden, gegeben werden. Abgesehen davon wird eine kurze Erläuterung des Begriffs «europäischer Sunbelt» vorgenommen werden. In einem weiteren Abschnitt sollen die Probleme bei der Erfassung von Rentnerresidenten näher betrachtet werden. Anschließend wird es um die verschiedenen Wohn- und Siedlungsformen gehen, und darauf basierend um die beliebtesten Zielländer der Rentnerresidenten. Im Folgenden werden mögliche Probleme sowie soziale Interaktionen, die sich für die Rentenresidenten zeigen, bearbeitet werden. Der letzte Teil der Arbeit wird sich zunächst mit der Frage beschäftigen, in wie weit der Residenz-Tourismus Auswirkungen hervorbringen wird, und welcher Art diese sind. Daran anschließend werden außerdem die Perspektiven des Residenz-Tourismus formuliert werden. Abschließend sollen in einem Resümee die wichtigsten Punkte der Ausarbeitung noch einmal zusammengefasst dargestellt werden. Obgleich wir während des Seminars intern besprachen, dass Tourismus erst bei einem Aufenthalt aufhört, der länger als ein Jahr andauert, werde ich mich im Folgenden an die Angaben der Literatur halten, da diese sämtlich besagen, das ein touristischer Aufenthalt ab einer Aufenthaltsdauer von mehr als sechs Monaten offiziell endet. Trotz Allem werde ich berücksichtigen, dass sich die Mehrzahl der Rentnerresidenten dennoch nach einem

---

[1] Friedrich, K.; Kaiser, C. (2002): Deutsche Senioren unter der Sonne Mallorcas…S. 14

halben Jahr Aufenthalt nicht offiziell im Gastland um eine Aufenthaltsgenehmigung bemüht, sondern das Land weiter als „Tourist" bereist.

2 Der «europäische Sunbelt»

Da die Globalisierung stetig voranschreitet und der europäische Kontinent zu einer Wirtschafts-, Währung- und politischen Union zusammenwächst, fördert dies immer mehr transnationale Betrachtungsweisen, da sich z.B. durch die EU-Maßnahmen in den Mitgliedsländern die Nationalökonomien und europäischen Regionen in immer höheren Ausmaßen miteinander vernetzen. Das „Europäische Raumentwicklungskonzept" (EUREK) und sein Vorgänger „EUROPA 2000+" versuchen diesem Trend Rechnung zu tragen. Bereits im Jahr 1994 wurden Untersuchungsräume von sowohl transnationalen als auch regionalen Größen gebildet, um dem Ziel einer ausgewogenen und nachhaltigen Entwicklung durch Stärkung des wirtschaftlichen und sozialen Zusammenhalts näher zu kommen. Einen dieser Untersuchungsräume stellt die Mittelmeerregion dar, welche in einen „Romanischen Bogen" (europäischer Sunbelt = Sonnengürtel) und den „Zentralen Mittelmeerraum" unterteilt wurde. In Bezug auf den «europäischen Sunbelt» besteht oft eine diffuse Vorstellung über den Begriff, und die räumliche Abgrenzung wird unterschiedlich gehandhabt. Fest steht, dass Südspanien jenseits von Gibraltar, und Portugal nicht zu diesen Räumen gerechnet werden, sondern anderen Großräumen zugeteilt wurden.[2] Des Weiteren kann man verallgemeinert feststellen, dass im Bereich des «europäischer Sunbelt» neben der Verlagerung von Forschungseinrichtungen und Industriebetrieben vor allem der Tourismus und die wachsende Zahl von Alterswohnsitzen eine bedeutende Rolle spielt.[3]

Der Begriff «europäischer Sunbelt» ist in Anlehnung an Entwicklungstrends in den USA entstanden, wo z.B. Begriffe wie der „Manufacturing Belt" oder der „Cotton Belt" häufig in Erscheinung treten und benutzt werden.[4]

Betrachtet man den «europäischer Sunbelt» eingehender, stellt man fest, dass er in einen klimatischen, einen ökonomischen sowie einen Sunbelt der Altersruhe bzw. Zweitwohnsitze differenziert werden muss. Hierbei umfasst der klimatische Sunbelt den größten Flächenanteil und reicht, bezogen auf den EU-Raum, von Portugal im Westen bis Griechenland im Osten. Der ökonomische Sunbelt umfasst in etwa die

---

[2] Parreira, Daniel (2002): Südeuropa. Ein zukünftiger Sunbelt?"…S. 37
[3] http://wwwl.uni-mannheim.de/mateo/verlag/reports/otteu/otteuro.htm gesehen am 18.05.06
[4] Parreira, Daniel (2002): Südeuropa. Ein zukünftiger Sunbelt?"…S. 37-38

spanischen Regionen Valencia und Katalonien, die französischen Regionen Languedoc-Roussillon und Provence-Alpes-Cote d´ Azur sowie die italienischen Regionen Ligurien, Piemont, Lombardei, Emilia-Romagna, Toskana und Latium. Hinsichtlich der Regionen Lombardei, Piemont und Emilia-Romagna handelt es sich gleichzeitig auch um Regionen, die zur „Blauen Banane" gezählt werden.[5] Auf den Sunbelt der Altersruhe bzw. der Zweitwohnsitze wird im weiteren Verlauf der Ausarbeitung näher eingegangen werden.

3 Residenz-Tourismus

Die Migrationsforschung bringt dem Phänomen der Altersmigration eine zunehmend größere Bedeutung entgegen. Trotz allem ist der Begriff der IRM (International Retirement Migration) nicht klar definiert. Die Gründe für diese definitorischen Schwierigkeiten basieren auf unterschiedlichen Konzepten für Begriffe wie „Ausländer", „Staatsbürgerschaft", „Wohnbevölkerung" etc. Hinzu kommt, dass es unterschiedliche Kriterien für die Bezeichnung „Ruhestand" (Retirement) gibt.

Eine weitere Schwierigkeit besteht in der Vermischung von Wohnbevölkerung und verschiedenen Ausprägungen des Residenz-Tourismus.[6] Diese Schwierigkeit basiert auf mehreren Gründen. Da die Rentner im Regelfall in z.B. Spanien keiner Erwerbstätigkeit nachgehen, benötigen sie auch keine polizeiliche Arbeits- und Aufenthaltserlaubnis. Abgesehen davon wird die Registrierung in Gemeinderegistern in Spanien sehr viel nachlässiger gehandhabt als z.B. in Deutschland. Auch das Grundbuchregister bietet keine verlässliche statistische Datenquelle, da der Grunderwerb auch für Ausländer möglich ist, die nicht in Spanien wohnhaft sind.[7] Abgesehen davon genießen die EU-Bürger innerhalb der europäischen Union eine gewisse „Freiheit", da sie an den Grenzen bei der Ein- und Ausreise nicht kontrolliert oder registriert werden. Auch eine Aufenthaltsgenehmigung muss grundsätzlich nicht vorgewiesen werden. Erst bei Aufenthalten von mehr als sechs Monaten Dauer im Jahr sind EU-Ausländer, z.B. in Spanien und Italien, dazu verpflichtet, ihren Wohnsitz bei der Behörde anzumelden. Ebenfalls erst ab diesem Zeitpunkt müssen die EU-Ausländer nachweisen, dass sie über ausreichende finanzielle Mittel zum Lebensunterhalt verfügen (z.B. Rente, Vermögen). Doch obgleich die EU-Bürger bei einem Daueraufenthalt von mehr als sechs Monaten meldepflichtig werden, kommt

---

[5] Parreira, Daniel (2002): Südeuropa. Ein zukünftiger Sunbelt?"…S. 38
[6] Breuer, Toni (2004): *Successful Aging* auf den Kanarischen Inseln?...S. 122
[7] Breuer, Toni (2003): Deutsche Rentnerresidenten auf den Kanarischen Inseln…S. 45

die Mehrzahl der ausländischen Rentner-Residenten ihrer Meldepflicht nicht nach, sondern behält ihren Wohnsitz im Heimatland und reist weiterhin als Tourist ein. Hierbei ist es selten möglich genau festzustellen, ob der Wohnsitz im Heimatland als tatsächlich oder nur formal angesehen werden kann. Aufgrund dieser Tatsache berufen sich viele Schätzungen über die Größenordnung ausländischer Rentner-Residenten in Südeuropa auf Hilfsindikatoren wie z.B. Rentenüberweisungen und jahreszeitliche Differenzen im Fluggastaufkommen bestimmter Zielregionen. Speziell für Spanien wurde eine Schätzung von Panigua Mazorra durchgeführt, die besagt, dass die Zahl der amtlich gemeldeten Ausländer mit dem Faktor 2,5 bis 3 multipliziert werden muss, um in etwa die reale Zahl zu ersehen. Fakt ist, dass es bis heute keine Kriterien für eine wirklich verlässliche Schätzung über die tatsächliche Zahl der in Südeuropa lebenden ausländischen Rentner gibt.[8]

Diese neue Form der Alterswanderung, und auch die Wohnform der Rentnerresidenzen, kann als eine „amenity-seeking"-migration („Wanderung auf der Suche nach Annehmlichkeiten") bezeichnet werden.[9]

3.1 Entstehung und Entwicklung des Residenz-Tourismus

Die wärmeren Klimate des Mittelmeerraumes zogen schon im 18. Jahrhundert zunächst vereinzelte Adelige, später jedoch auch Bildungsbürger aus den nördlichen Ländern Europas, während der kälteren Jahreszeit an. Seit den 60er Jahren des 20. Jahrhundert nahmen die Wanderungsbewegungen älterer Menschen dann in einem größeren Umfang zu. Besonders die USA waren hierbei ein besonderer Vorreiter, und viele ältere US-Bürger verlagerten damals ihren Wohnsitz aus den nördlichen Bundesstaaten in die südlich gelegenen, wie z.B. nach Kalifornien. Viele dieser Migranten bezogen dabei „Rentnerstädte" (gated communities) wie z.B. „Sun City Arizona". In Deutschland wurden als attraktive Wohnstandorte zunächst besonders die inländischen Küstengebiete und Mittelgebirgsregionen, speziell die Kur- und Badeorte gewählt. Die europäische Ruhesitzwanderung hat sich seit den 1970er und 1980er Jahren jedoch sehr verändert. So kann man feststellen, dass heute eine größere und heterogenere Personengruppe an der Ruhesitzwanderung teilnimmt. Die größte Veränderung ist dahingehen festzustellen, dass zu den nationalen

---

[8] Breuer, Toni (2002): Ein Dauerplatz an der Sonne…S. 22
[9] Breuer, Toni (2002): Ein Dauerplatz an der Sonne…S. 21

Zielgebieten in großem Maße die ausländischen Zielregionen hinzukommen.[10] Dies ist einer der wichtigsten Faktoren, welcher die europäische Altersmigration von der amerikanischen unterscheidet, da die Senioren in den USA *innerhalb* des Landes in gated communities ziehen, und daher *nicht* in eine neue landeskulturelle Umgebung kommen.[11]

3.2 Rentner-Residenten

Die Zahl der Rentner-Residenten ist auch unter methodischen Gesichtspunkten eine nicht exakt fassbare Größe. So sind nach dem bisherigen Kenntnisstand (je nach Zielland) diejenigen Altersresidenten, welche ihre Wohnung im Heimatland aufgegeben haben und nun ganzjährig im «europäischen Sunbelt» leben, sogar in der Minderheit. Sehr populär ist hingegen die Nutzung mehrerer Wohnungen mit saisonalem Aufenthaltsmuster. Oft sind die Übergänge vom einfachen Touristen zum Rentner-Residenten fließend. So ist es vielen Senioren geschehen, dass sie diesen Übergang selbst durchlebt haben. Häufig war das Ziel der Altersmigration den Senioren schon von vorangegangenen Urlaubsaufenthalten bekannt. Der Übergang der Senioren verlief in der Art, dass sie zunächst einen Langzeiturlaub, meistens während der kalten Jahreszeit, im Süden verbracht haben, bevor sie sich eventuell entschieden, ganzjährig dort zu bleiben. Die in diesem Zusammenhang wissenschaftliche Diskussion über sinnvolle Typisierungen oder Kategorisierungen ist noch ungeklärt und eventuell sogar nationalspezifisch. Fest steht, dass als eine entscheidende Kenngröße die mittlere regelmäßige Aufenthaltsdauer am Wohnort im Gastland gilt, da sich daraus wiederum z.B. die Intensität der Bindungen an das Heimatland ableiten lässt.[12]

In Bezug auf die deutschen Rentner-Residenten auf Mallorca lässt sich verallgemeinert anführen, dass die meisten von ihnen aus Westdeutschland stammen. Unter den Senioren sind sehr viele ehemals Selbstständige sowie höher qualifizierte Angestellte und Beamte. Die Mehrzahl der Rentner-Residenten lebt gemeinsam mit ihrem Ehe- oder Lebenspartner auf der Insel. In den 1960er Jahren kamen die ersten der heutigen älteren Deutschen nach Mallorca. Zu dieser Zeit waren die Lebenshaltungskosten und die Immobilienpreise, im Vergleich zu heute,

---

[10] Friedrich, K.; Kaiser, C. (2002): Deutsche Senioren unter der Sonne Mallorcas…S. 14
[11] Breuer, Toni (2003): Deutsche Rentnerresidenten auf den Kanarischen Inseln…S. 44
[12] Breuer, Toni (2002): Ein Dauerplatz an der Sonne…S. 22

relativ niedrig. Aus diesem Grund konnten sie sich damals einen Lebensstil auf Mallorca leisten, den sie in Deutschland nicht realisieren konnten. Diesbezüglich ist jedoch anzumerken, dass das Preisniveau wegen des Tourismuszuwachses und dem daraus resultierendem ökologischen Aufschwung der Balearen erheblich gestiegen ist. So kann man feststellen, dass die Lebenshaltungskosten inzwischen bundesdeutsches Niveau erreicht haben, und die Immobilienpreise dieses zum Teil sogar deutlich übersteigen. Aus diesem Grund kam es dazu, dass sich der Kreis der Zuzügler in der Zwischenzeit aufgrund dieser Wandlungen merklich verändert hat.[13]

3.3 Gründe für Rentner-Residenten sich für eine Rentnerresidenz im europäischen Sunbelt zu entscheiden

Die gegenwärtige Ausweitung des Residenz-Tourismus lässt sich auf veränderte gesellschaftliche, wirtschaftliche und politische Rahmenbedingungen zurückführen. Der wichtigste Punkt ist hierbei die demographische Alterung der Gesellschaft, wegen welcher die Zahl der älteren Menschen und ihr relativer Anteil am Bevölkerungsaufbau steigt (Anteil Personen $\geq$ 65 Jahre: 15,7 %). Auch der gesellschaftliche Einfluss älterer Menschen hat in hohem Maße zugenommen. Da die Familienstrukturen sich verändern, z.B. Zerfall der Dreigenerationenfamilie, wandelt sich auch das Selbstverständnis der Pensionäre, welche ihr Rentnerdasein selbstbestimmt und aktiv gestalten möchten. So haben die hedonistischen Werte, wie z.B. Freizeit, Genuss, Vergnügen, Abenteuer und Konsum einen größeren Stellenwert angenommen. Im Gegenzug dazu sinkt auf Grund des Austretens aus der Arbeitswelt die Bedeutung von arbeits- und pflichtorientierten Werten, wie z.B. Leistung, Fleiß, Anpassung und Sparsamkeit.[14] In Bezug auf die wirtschaftliche Stellung der älteren Generation lässt sich eine generelle Verbesserung feststellen, wobei jedoch die Einkommens- und Vermögensunterschiede zwischen ihnen deutlicher hervortreten.[15]

Ein weiterer Grund der Rentner, sich für den Wohnsitz im Ausland in einer Rentnerresidenz entschieden zu haben, ist auf gesundheitliche Faktoren zurückzuführen. Oft unterstützen die klimatischen Bedingungen, wie sie im «europäischen Sunbelt» vorherrschen, das gesundheitliche Wohlbefinden der

---

[13] Friedrich, K.; Kaiser, C. (2001): Rentnersiedlungen auf Mallorca...S. 206 ff.
[14] Huber, Andreas (2005): Altersmigration zwischen Kulturen...S. 2ff.
[15] Friedrich, K.; Kaiser, C. (2002): Deutsche Senioren unter der Sonne Mallorcas...S. 14

Rentner, vor Allem im Falle von rheumatischen Beschwerden und Asthma.[16] Auch Faktoren wie die mediterrane Landschaft und die Lebensweise des «europäischen Sunbelts» veranlassen eine Vielzahl von Senioren dazu, sich für eine Renterresidenz zu entscheiden.

Natürlich gibt es auch Senioren, die mit einem Wohnsitz, z.B. auf Mallorca ihre Zugehörigkeit zu einer gut situierten Statusschicht demonstrieren, oder die als „Aussteiger" ein alternatives Leben als Kontrast zum deutschen Alltag führen wollen. [17]

4 Bevorzugte Siedlungs- und Wohnformen

Wie bereits erwähnt, werden die meisten der Alterswohnsitze nicht ganzjährig bewohnt, sondern meistens mehr oder weniger regelmäßig saisonal genutzt. Man kann hierbei von einer durchschnittlichen Aufenthaltsdauer von 8,6 Monaten ausgehen. So verbringen im Schnitt von zehn deutschen Rentner-Residenten nur vier zwischen drei und sechs Monaten auf Mallorca. Zwei von zehn Senioren bleiben sieben bis zehn Monate auf der Insel, und die übrigen vier verweilen mindestens elf Monate im Jahr dort.[18]

Auf Mallorca leben 51 % der älteren Deutschen in einer Wohnung oder einem Appartement, 36 % in einem Einfamilienhaus und 13 % in einer Doppelhaushälfte bzw. in einem Reihenhaus. Diesbezüglich sollte man unterscheiden, dass lediglich 14 % der Senioren zur Miete wohnen, die restlichen 86 % als Wohnungs- oder Hauseigentümer. Es lassen sich drei, in sich relativ homogene und voneinander unterschiedliche Siedlungstypen abgrenzen, die für eine Analyse der räumlichen Organisationsformen von Bedeutung sind. Die Bewohner dieser drei Siedlungstypen unterscheiden sich deutlich voneinander, besonders im Hinblick auf soziodemographische Merkmale, ihre Wohnsitznutzung, ihrer sozialen und räumlichen Aktivitätsmuster und Orientierungen (Abb. 1).[19]

<u>Touristisch geprägte Küstenorte:</u> In touristisch geprägten Küstenorten, die früher kleine Fischerorte waren, leben 55 % aller älteren deutschen Residenten. Diese touristisch geprägten Küstenorte sind in den 1960er Jahren durch den touristisch geprägten Aufschwung in sehr kurzer Zeit ohne planerische Einflussnahme

---

[16] Breuer, Toni (2002): Ein Dauerplatz an der Sonne...S. 23
[17] Friedrich, K.; Kaiser, C. (2002): Rentnersiedlungen auf Mallorca...S. 207
[18] Friedrich, K.; Kaiser, C. (2002): Rentnersiedlungen auf Mallorca...S. 207
[19] Friedrich, K.; Kaiser, C. (2002): Rentnersiedlungen auf Mallorca...S. 207 ff.

expandiert. Die direkte Küstenlinie der größeren Strandbereiche, über die viele der Orte verfügen, ist durch touristische Gebäude (z.B. Hotels) verbaut worden. Touristisch geprägte Küstenorte sind z.B. im Nordosten Mallorcas Calla Millor und Cala Ratjada oder im Südwesten bzw. Süden der Insel Santa Ponsa, Palmanova und El Arenal. Zeitgleich entstanden in diesen Orten Appartementanlagen mit Eigentumswohnungen und Eigentumsarealen, die heute entweder von Einheimischen und im Tourismus Beschäftigten oder von Festlandspaniern und Ausländern bewohnt werden (Abb. 2).

In den meisten Fällen sind die dort lebenden deutschen Rentner-Residenten alleinstehend und haben ihren Wohnsitz im Jahr 1991 bezogen. Im Schnitt verbringen die Senioren 8,6 Monate im Jahr in diesen Orten. Auffallend ist, dass 66 % der Senioren in Appartements leben und nur 18,6 % zur Miete. Anders als bei den anderen Siedlungstypen besteht die Nachbarschaft in diesen Gebieten aus Anwohnern mehrerer Nationalitäten. Für 79 % der dortigen Rentner-Residenten steht fest, dass sie für immer auf Mallorca bleiben wollen.[20]

<u>Einheitlich geplante Urbanisationen:</u> Hiermit sind geplante Siedlungen gemeint, die in erster Linie der Wohnfunktion oder der touristischen Nutzung dienen. Ähnlich wie bei der „Sun City Arizona" werden die Urbanisationen von privaten Investoren und Erschließungsgesellschaften errichtet und danach in einzelnen Parzellen verkauft. Ebenfalls der „Sun City Arizona" sehr ähnlich sind die in den meisten Fällen vorhanden hohen Sicherheitsstandards und die verfügbaren Serviceleistungen, sowie die Besucherkontrolle und die, sich im Gemeinschaftseigentum befinden Infrastruktureinrichtungen, wie Tennis- und Golfplätze (Abb. 3).

Eine solche Urbanisation ist z.B. die „Golf Habitat Santa Ponsa Nova", welche sich im Südwesten der Insel befindet und in den 1970er Jahren errichtet wurde. Hier leben ca. 6000 Menschen, die sich entweder ganzjährig oder nur saisonal auf Mallorca aufhalten. Man kann sich beim Einzug in die Urbanisation entscheiden, ob man in einem Einfamilienhaus, einer Villa oder einem Appartement leben möchte. Des Weiteren verfügt die Anlage über einige Hotelzonen. Bebauungspläne schreiben vor, dass nur 17 % der Gesamtfläche bebaut werden dürfen, so dass mehr als 800.000 m² als Grünflächen erhalten bleiben, die z.B. für Golfplätze genutzt werden. Wie bei anderen Urbanisationen beschränkt sich die Ausstattung auf freizeitbezogene Infrastruktur, so dass die Verpflegung mit Waren des täglichen

---

[20] Friedrich, K.; Kaiser, C. (2002): Rentnersiedlungen auf Mallorca...S. 208

Bedarfs von außerhalb erfolgen muss. Mit 70 % aller Einwohner stellen die Deutschen die größte dort wohnhafte Mehrheit dar, 60-70 % von ihnen sind 55 Jahre und älter.

Auf Mallorca lebt etwa jeder dritte deutsche Rentner-Resident in einer solchen Urbanisation, und ist Eigentümer eines Appartements oder eines Hauses. Die Nachbarschaften sind sehr stark von Deutschen und anderen Ausländern geprägt, so dass die Anwohner kaum mit Spaniern in Kontakt kommen. Dies erklärt, warum die Spanischsprachkenntnisse in den Urbanisationen am schlechtesten sind.

Der größte Teil der Bewohner solcher Urbanisationen lebt nur saisonal auf Mallorca, ca. 7,9 Monate im Jahr, und ein Drittel von ihnen zieht in Erwägung, ihren mallorquinischen Wohnsitz in der Zukunft wieder aufzugeben.[21]

<u>Siedlungen und Fincas im ländlichen Raum:</u> Hierbei handelt es sich um gewachsene dörfliche Siedlungen und entlegene Fincas im Landesinneren (Abb. 4). In diesen Wohnformen leben etwa 15 % der Rentner-Residenten auf Mallorca. In den 1960er Jahren kam es durch den ansteigenden Tourismus zu einer Ablösung der dominierenden Landwirtschaft, was zu einer Landflucht führte, und damit zu einem Brachfallen der landwirtschaftlichen Fläche und einer Vernachlässigung der ländlichen Bausubstanz. Parallel dazu stieg die Nachfrage nach ehemaligen Gutshäusern und Ländereien, die zum größten Teil von Ausländern und Festlandsspaniern ausging. Da die Gegenden sehr bald von Ausländern und städtischen Bevölkerungsgruppen besiedelt wurden, hat sich in einigen Gebieten Mallorcas die Bewohnerstruktur des ländlichen Raumes maßgebend verändert. In diesen Gebieten unterscheiden sich die hier lebenden Deutschen in vielerlei Weise von den Bewohnern der anderen beiden Siedlungstypen. So sind z.B. 25 % der hier Lebenden noch erwerbstätig, was dadurch erklärt werden kann, dass hier der Anteil der freiberuflich Tätigen, die grundsätzlich standortungebundener sind, auffallend hoch ist. Abgesehen davon bevorzugen viele der dort lebenden älteren, berufstätigen Bewohner besonders die ruhige Wohnlage, welche ihnen eine –vermeintlich authentische- mediterrane Lebensweise ermöglicht. Trotz der –vermeintlich authentischen- mediterranen Lebensweise geben nur 45 % der Bewohner an, das ihre Nachbarn spanischer Herkunft sind. Dies macht deutlich, dass auch in diesen Gebieten die ländlichen Wohnanlagen hauptsächlich von Deutschen und anderen Ausländern bewohnt werden. Allerdings sind in diesen Gebieten die

---

[21]Friedrich, K.; Kaiser, C. (2002): Rentnersiedlungen auf Mallorca…S. 208 ff.

Spanischsprachkenntnisse der ausländischen Bewohner um ein Deutliches besser, als es in den anderen Siedlungstypen der Fall ist. Herauszustellen ist bei diesem Siedlungstyp weiterhin, dass nicht einmal jeder zehnte der Bewohner plant irgendwann nach Deutschland zurückzukehren, und dass die Wahlbeteiligung der hier lebenden Ausländer bei Gemeindewahlen sehr viel höher ist als bei den übrigen Siedlungstypen. Im Vergleich zu den anderen Siedlungstypen wird deutlich, dass bei diesem Typen am ehesten eine Integration in die mallorquinische Gesellschaft angestrebt und zum Teil auch verwirklicht wird.[22]

5 Die beliebtesten Zielländer von Rentner-Residenten

In Bezug auf die Zielländer der Rentner-Residenten lässt sich als zentrales Merkmal feststellen, dass sich die favorisierten Zielregionen mit beliebten Urlaubsregionen decken. Dies hängt z.B. damit zusammen, dass sowohl die Rentner-Residenzen, als auch die Urlaubsregionen, übereinstimmende Kriterien hinsichtlich Klima, Landschaft, Möglichkeiten der Freizeitgestaltung, infrastruktureller Ausstattung sowie Erreichbarkeit erfüllen müssen. Eine andere Ursache für die übereinstimmenden Kriterien lässt sich dadurch erklären, dass viele der Ruhesitzmigranten ihren Alterswohnsitz in einer Region wählen wollen, die sie bereits aus vorherigen Urlauben kennen und schätzen gelernt haben.[23]

Im «europäischen Sunbelt» stammen ca. 50-70 % der dort lebenden Ausländer aus EU-Staaten nördlich von Alpen und Pyrenäen. Die beliebtesten Zielländer sind mit Abstand Spanien und Italien, danach folgen Griechenland und Portugal[24] (Abb. 5).

Des Weiteren kann man aus der Abb. 5 ersehen, dass die wichtigsten Herkunftsländer Großbritannien, Frankreich und Deutschland sind. Bei diesen Nationalitäten kann man davon ausgehen, dass der Anteil an Rentnern dort besonders hoch ist. Die Länder, deren Anteil an der europäischen Wohnbevölkerung sehr gering ausfallen, sind z.B. Norwegen, Dänemark und Schweden.

Wie man bereits aus der Abb. 5 ersehen konnte, bilden die Briten die Mehrheit aller Europäer in Spanien, Portugal und Griechenland. Wenn man die amtliche Statistik mit den Zahlen der britischen Sozialversicherung über Rentenzahlungen an Berechtigte ins Ausland abgleicht, so kann man erkennen, dass die britischen

[22] Friedrich, K.; Kaiser, C. (2002): Rentnersiedlungen auf Mallorca...S. 209 ff.
[23] Friedrich, K.; Kaiser, C. (2002): Deutsche Senioren unter der Sonne Mallorcas...S. 14
[24] Breuer, Toni (2002): Ein Dauerplatz an der Sonne...S. 22

Rentner zahlenmäßig vor Allem in Spanien, Italien und Frankreich vertreten sind[25] (Abb. 6).

In Bezug auf Abb. 5 ist hinzuzufügen, dass Spanien das beliebteste Zielland für Rentner-

Residenten ist, die aus dem EU-Raum stammen, und mehr als ein Viertel der Senioren dort kommen aus Großbritannien. Es ist auffallend, dass sich die Rentner-Residenten sehr räumlich polarisieren. So findet man zwischen 80-90 % der jeweiligen Nationalitäten an den Küstenabschnitten von Andalusien, Valencia und Katalonien vor, sowie auf den Inselgruppen der Kanaren und der Balearen. Hierbei kann man erneut nationale Unterschiede feststellen. So konzentrieren sich die Briten bevorzugt in den Provinzen Malaga (Andalusien) und Alicante (Region Valencia). Man kann davon ausgehen, dass in diesen beiden Regionen mehr als die Hälfte aller britischen Rentner-Residenten Spaniens leben. Die Deutschen Rentner-Residenten sind hingegen vor Allem auf den Kanarischen Inseln vertreten. Sie stellen an der Costa Blanca (Provinz Alicante), sowie in Andalusien, nach den Briten die zweitstärkste Gruppe dar. Für die Franzosen gilt, dass sie sich hauptsächlich an der spanischen Ostküste von Katalonien bis Valencia konzentrieren.

In Italien muss man davon ausgehen, dass sich weniger als die Hälfte der ausländischen Bevölkerung im Rentenalter befindet. Daten auf der Grundlage der Aufenthaltsgenehmigungen legen die Vermutung nahe, dass „transalpine" Rentner die Regionen Toskana, Ligurien und Umbrien bevorzugen. In Bezug auf die Toskana kann man davon ausgehen, dass ca. 10 % aller in Italien wohnhaften Briten, dort leben, die meisten davon in den Provinzen Florenz und Siena.

In Portugal besteht das Problem darin, das dort kein Melderegister geführt wird, daher ist die Abschätzung des Anteils der Ausländer hier besonders unsicher. Fest steht, dass auch hier die wichtigste Gruppe ausländischer Rentner-Residenten von den Briten dargestellt wird. Die bevorzugte Zielregion ist in Portugal die Algarve. Hier stellen die Briten ca. 35 % aller Ausländer. In Portugal bevorzugen die Rentner-Residenten touristische Plansiedlungen (urbanizaçoes) an den Küsten.[26]

---

[25] Breuer, Toni (2002): Ein Dauerplatz an der Sonne…S. 22
[26] Breuer, Toni (2002): Ein Dauerplatz an der Sonne…S. 22

6 Probleme und soziale Interaktionen für Rentner-Residenten im Ausland

Als der am Häufigsten genannte Problemfaktor werden Sprachbarrieren von den Rentner-Residenten im Ausland angeführt (Abb. 7). Wagt man bei Beachtung wichtiger Unterschiede zwischen den jeweiligen Zielgebieten der Rentner-Residenten eine Verallgemeinerung, so kann man feststellen, dass die Mehrzahl der Senioren vornehmlich soziale Kontakte zu den eigenen Landsleuten pflegt. Abgesehen davon haben die britischen Rentner-Residenten an der Costa Blanca sogar Selbsthilfegruppen zur Bewältigung ihrer Alltagsprobleme gegründet.[27] Oft kommt es auch vor, dass medizinisch-therapeutische Maßnahmen (z.B. Arztbesuche, Krankenhausaufenthalte etc.) mit einem Aufenthalt im Heimatland verbunden werden, wobei auch dieses Verhalten durch mangelhafte Fremdsprachenkenntnisse gefördert wird.[28] Fest steht, dass alle Nationalitäten im Ausland die Möglichkeit schätzen, sich in ihrer eigenen Sprache verständigen zu können. Aufgrund dieser Nachfrage ist in den Zielgebieten des Residenz-Tourismus nicht nur eine tourismusorientierte gewerbliche Infrastruktur entstanden, sondern auch Arztpraxen, Anwaltskanzleien, Steuerberatungsbüros und andere Dienstleistungsunternehmen sind hinzugekommen. Auf dem Sektor der Altenpflege (sowohl ambulant als auch stationär) fehlt jedoch bis auf einige wenige Ausnahmen noch ein ausreichendes Angebot für Rentner-Residenten.[29]

Aus Abb. 7 geht außerdem hervor, dass die Trennung von der Familie für viele Rentner-Residenten einen großen Nachteil darstellt, genauso wie die höheren Lebenshaltungskosten. Ein gravierender Nachteil des Lebens in Spanien scheint für die Senioren, wie ebenfalls aus Abb. 7 zu ersehen, das geringe Umweltbewusstsein der Spanier zu sein.[30]

Letztlich sollte man herausstellen, dass die Bewältigung des Alltagslebens für die Senioren von zwei Einflussfaktoren abhängig ist. So sind zum einen der individuelle Gesundheitszustand zu nennen, und zum anderen der Grad der Saisonalität der Nutzung der Rentnerresidenz. Rentner-Residenten, die z.B. ausschließlich im Winter das Gastland besuchen, haben meist noch einen weiteren Wohnsitz in ihrem Heimatland. Daher verfügen sie in individuellen Problemsituationen über mehr

---

[27] Breuer, Toni (2002): Ein Dauerplatz an der Sonne…S. 23 ff.
[28] Breuer, Toni (2004): *Successful Aging* auf den Kanarischen Inseln?...S. 129
[29] Breuer, Toni (2002): Ein Dauerplatz an der Sonne…S. 23 ff.
[30] Breuer, Toni (2002): Ein Dauerplatz an der Sonne…S. 23

Optionen als diejenigen Rentner-Residenten, die ihren Wohnsitz ausschließlich ins Ausland verlagert haben.[31]

7 Auswirkungen des internationalen Residenz-Tourismus

Da es, wie bereits erwähnt, erschwert ist, genaue Angaben über die Größenordnung des heterogenen Phänomens des Residenz-Tourismus und der Altersmigration zu machen, ist es ebenso schwierig, zuverlässige Angaben über deren Auswirkungen auf die entsprechenden Zielregionen zu geben. So stehen Untersuchungen bezüglich der ökonomischen und soziokulturellen Auswirkungen der IRM (International Retirement Migration)[32] auf bestimmte Regionen vor den gleichartigen Problemen, wie Untersuchungen über die Konsequenzen des Fremdenverkehrs für Tourismusdestinationen. Daher ist es praktisch unmöglich z.B. die regionalen Wachstumseffekte des Tourismus im Allgemeinen und der IRM im Speziellen zu unterscheiden. In einigen Fällen ist es sogar erschwert, eine Trennung zwischen positiven und negativen Auswirkungen zu treffen. So kann z.B. der Einfluss der Rentner-Residenten auf die Verfügbarkeit von medizinischer Hilfe, je nach Sichtweise, positiv oder negativ ausfallen. Er fällt positiv aus, wenn durch das große Vorkommen von Rentnern eine allgemeine Anpassung des Angebots medizinischer Dienstleistungen für die jeweilige Region gerechtfertigt ist. Der Einfluss kann aber auch negativ ausfallen. Dies wäre z.B. der Fall, wenn die Nachfrage der Rentner-Residenten nach medizinischer Hilfe größer ist, als die vorhandenen Kapazitäten. Daraus könnten sich im Endeffekt Engpässe ergeben, die sich wiederum negativ auf die einheimische Bevölkerung auswirken könnten.[33]

In Bezug auf die betroffenen Zielregionen lässt sich feststellen, dass sie sich auf Grund der Rentner-Residenzen verändern. Oft verändert sich durch den Massentourismus oder durch den Zweitwohnsitzbau, wie z.B. im Falle der Insel Mallorca, das Gesicht und das Image der jeweiligen Zielregion. Obwohl der Residenz-Tourismus für die Zielregionen positive wirtschaftliche Auswirkungen mit sich bringt, z.B. im Bausektor und bei personengebundenen Dienstleistungen, bewirkt die Zunahme der Rentnerresidenzen eine enorme Vergrößerung der Siedlungsfläche.

---

[31] Breuer, Toni (2002): Ein Dauerplatz an der Sonne…S. 24
[32] Breuer, Toni (2004): *Successful Aging* auf den Kanarischen Inseln?...S. 122
[33] Huber, Andreas (2003): Sog des Südens…S. 39 ff.

Ein weiterer negativer Faktor wird erneut am Beispiel der Insel Mallorca deutlich. So kam es in der Vergangenheit sowohl in der deutschen Öffentlichkeit, als auch in den mallorquinischen Medien, zu Diskussionen, welche sich mit der Überprägung der einheimischen Kultur durch die zugereisten Ausländer und mit dem „Ausverkauf" der Insel beschäftigten. Diese Konflikte könnten auch mit den Rentner-Residenzen zusammenhängend sein.[34]

8 Perspektiven der Rentnerresidenzen

Wie bereits in Punkt 3.3 beschrieben, ist die Bedeutung des Residenz-Tourismus in den letzten Jahren gestiegen. Die skizzierten Ursachen für die Zunahme der internationalen Ruhesitzwanderung in der Vergangenheit, wie z.B. das wandelnde Selbstverständnis der Rentner, werden vermutlich auch in Zukunft für einen Anstieg der Zahl der Ruhesitzmigranten sorgen. Hinzu kommt, dass der Trend des Residenz-Tourismus nicht nur in Deutschland vorherrscht. Auch Senioren aus anderen Nationalitäten wie z.B. Großbritannien und Frankreich sind an der innereuropäischen Ruhesitzwanderung beteiligt.[35]

Für die Zukunft wird erwartet, dass die Südtürkei und die Adria-Staaten erhebliche Zuwachsraten auf dem Gebiet des Residenz-Tourismus verzeichnen werden. Besonders Kroatien, dessen Inseln und Küsten schon seit mehreren Jahren zu den Zielen des europäischen Tourismus gehören, wird mit einer Erhöhung der Nachfrage nach Immobilien für Altersruhesitze rechnen können.[36] Abgesehen davon ist es durchaus wahrscheinlich, das auch weiter entfernte Regionen wie z. B. Südostasien (Indonesien, Philippinen, Thailand), Australien und Mittelamerika/Karibik (Mexiko, Costa Rica, Cuba, Dominikanische Republik, Antillen) in Zukunft zu attraktiven Lebensräumen für –nicht nur europäische- Rentner-Residenten werden könnten.[37]

9 Resümee

Auch wenn es sich bei dem Thema der „Rentnerresidenzen im «europäischen Sunbelt»" um ein noch nicht sehr weit erforschtes Gebiet handelt, und oft aufschlussreiche Daten fehlen, fällt bei intensiver Auseinandersetzung mit der Thematik auf, dass zukünftig die Notwendigkeit einer intensiveren Behandlung

---

[34] Friedrich, K.; Kaiser, C. (2002): Deutsche Senioren unter der Sonne Mallorcas…S. 14
[35] Friedrich, K.; Kaiser, C. (2002): Deutsche Senioren unter der Sonne Mallorcas…S. 14
[36] Breuer, Toni (2002): Ein Dauerplatz an der Sonne…S. 24
[37] Huber, Andreas (2003): Sog des Südens…S. 278 ff.

dieses Themas besteht. Die Menschen werden älter, bleiben länger aktiv und haben nicht mehr eine so starke Verbundenheit zur Heimat wie es in früheren Zeiten der Fall war. Hinzu kommt, dass in wenigen Jahren die Mitglieder der Baby-Boomers (Personen aus den geburtenstarken Jahrgängen) das 50. Lebensjahr erreichen werden. Dies wirft die Frage auf, in wie weit diese Mitglieder den Residenz-Tourismus beeinflussen werden, zumal diese Generation generell ein höheres Migrationsverhalten aufweisen müsste, da es in der heutigen Zeit üblicher ist als damals, auf der Suche nach Ausbildung, Studium und Arbeit Heimatorte zu verlassen und neue Orte aufzusuchen. Daher ziehen heute die Menschen ohnehin mehr um, als die Generationen, die derzeit dem Residenz-Tourismus angehören.

10 Literaturverzeichnis

Breuer, T. (2002): Ein Dauerplatz an der Sonne. Europas Rentner zieht es nach Süden. In: Praxis Geographie 3/2002, S. 21-27.

Breuer, T. (2003): Deutsche Rentnerresidenten auf den Kanarischen Inseln. In: Geographische Rundschau 55, H.5, S. 44-51.

Breuer, T. (2004): *Successful Aging* auf den Kanrischen Inseln? Versuch einer Typologie von Alterns-Strategien deutscher Altersmigranten. In: Europa Regional 12, H.3, S. 122-131.

Friedrich, K. u. Kaiser, C. (2001): Rentnersiedlungen auf Mallorca. Möglichkeiten und Grenzen der Übertragbarkeit des nordamerikanischen Konzeptes auf den „Europäischen Sunbelt". In: Europa Regional 9, H.4, S. 204-211.

Friedrich, K. u. Kaiser, C. (2002): Deutsche Senioren unter der Sonne Mallorcas. Das Phänomen der Ruhesitzwanderung. In: Praxis Geographie 2/2002, S. 14-15.

Huber, Andreas (2003): Sog des Südens. Altersmigration von der Schweiz bis nach Spanien am Beispiel Costa Blanca. Seismo Verlag, Zürich.

Huber, Andreas (2005): Altersmigration zwischen Kulturen. Vorlesungsreihe: „Kulturen des Alterns, Sommersemester 2005, Zentrum für Gerontologie, Universität Zürich.

Parreira, Daniel (2002): Sudeuropa. Ein zukünftiger Sunbelt?. In: Praxis Geographie 3/2002, S. 37-41.

Internet:
http://wwwl.uni-mannheim.de/mateo/verlag/reports/otteu/otteuro.htm gesehen am 18.05.06
http://www.aidu.de/ gesehen am 17.05.06
http://de.wikipedia.org/wiki/Gated_Community gesehen am 17.05.06
http://www.fincamallorca.de/ gesehen am 17.05.06

11 Abbildungen

Abb. 1: Charakteristika der drei Siedlungsformen und ihrer Bewohner[38]

	Touristisch geprägter Küstenort n= 187	Urbanisation n= 99	Ländliche Siedlung n= 50
Wohnform (%)			
Einzelhaus	25,7	34,7	80,0
Doppel-/Reihenhaus	8,0	23,5	6,0
Wohnung/Appartement	66,3	41,8	14,0
Besitzverhältnis (%)			
Eigentümer	81,4	93,8	87,5
Mieter	16,6	6,2	12,5
Nationalität der Nachbarn (%)			
Überwiegend Deutsche	40,2	52,5	22,4
Überwiegend Spanier/Mallorquiner	21,7	11,1	44,9
Deutsche und Spanier/Mallorquiner	16,4	11,1	20,4
Gemischt mit anderen Ausländern	21,7	25,3	12,2
Spanischkenntnisse, darunter (%)			
Fließend	7,4	4,0	16,0
Kein Verständnis	13,8	15,2	2,0
Teilnahme Gemeindewahlen 1999 (%)	16,0	9,3	22,0
PKW-Verfügbarkeit (%)	70,4	92,9	94,0
Rückkehr nach Deutschland (%)			
Nein, will für immer bleiben	79,3	68,5	93,6
Ja, will vielleicht ganz zurück	15,2	21,3	4,3
Ja, habe schon konkrete Rückkehrpläne	5,4	10,1	2,1
Erwerbstätigkeit, darunter (%)			
Rentner/Pensionär	78,4	77,6	64,6
Voll erwerbstätig	13,5	11,7	16,7
Teilweise erwerbstätig	2,7	3,2	8,3
Höchster Ausbildungsabschluss, darunter (%)			
Lehre, Ausbildung	32,4	27,4	22,4
(Fach-) Hochschulabschluss	31,4	40,0	38,8
(Letzte) Erwerbstätigkeit des Hauptverdieners, darunter (%)			
Arbeiter	5,9	1,0	-
Angestellter	42,7	43,8	40,8

[38] Friedrich, K.; Kaiser, C: Rentnersiedlungen auf Mallorca?...S. 208

Beamter	9,6	10,4	12,2
Selbständiger	30,5	39,1	28,6
Freiberuflich Erwerbstätiger	2,7	3,1	12,2
Aufenthalt auf Mallorca (Durchschnitt. in Monate)	8,7	7,9	9,5
Haushaltsgröße (Durchschnitt. in Personen)	1,6	1,9	1,7
Alter (Durchschnitt. in Jahren)	67,7	64,4	64,3
Ankunftsalter (Durchschnitt. in Jahren)	57,3	54,7	54,2

Abb. 2: Appartementkomplex bei Cala Ratjada[39]

---

[39] http://www.aidu.de/ gesehen am 17.05.06

Abb. 3: Zufahrt zu einer geschlossenen Wohnanlage (Boca Bayou condominiums in Boca Raton, Florida)[40]

Abb. 4: Finca bei Porto Petro[41]

---

[40] http://de.wikipedia.org/wiki/Gated_Community gesehen am 17.05.06
[41] http://www.fincamallorca.de/ gesehen am 17.05.06

Abb. 5: Ausländische europäische Wohnbevölkerung Südeuropas[42]

Herkunftsland	Italien		Griechenland		Portugal		Spanien	
	Anz. (Tsd.)	% *	Anz. (Tsd.)	% *	Anz. (Tsd.)	% *	Anz. (Tsd.)	% *
Belgien	4,4	2,2	1,7	1,5	1,1	3,3	6,7	3,7
Dänemark	1,6	0,8	1,7	1,5	0,5	1,5	3,5	1,9
Deutschland	29,7	15,0	14,9	13,1	5,1	15,5	28,8	16,0
Frankreich	21,3	10,7	7,9	6,9	3,4	10,3	20,0	11,1
Großbritannien	20,7	10,4	20,6	18,1	8,9	27,0	50,1	27,8
Niederlande	5,6	2,8	3,9	3,4	1,9	5,8	9,7	5,4
Norwegen	0,5	0,3	0,9	0,8	0,3	0,9	2,3	1,3
Österreich	4,7	2,4	2,1	1,8	0,3	0,9	1,5	0,8
Schweden	2,0	1,0	2,5	2,2	0,7	2,1	5,1	2,8
Schweiz	11,2	5,7	2,0	1,8	0,7	2,1	5,3	2,9
Andere Staaten								
Nordeuropas	2,6	1,3	2,3	2,0	0,4	1,2	3,8	2,1
Nordeuropa insgesamt		(52,6)		(53,1)		(70,6)		(75,8)
Europa total	**198,2**	**100,0**	**114,1**	**100,0**	**33,0**	**100,0**	**180,5**	**100,0**

Anmerkung: Die Angaben beziehen sich auf das Jahr 1992 * = Prozent der europäischen Bevölkerung;

Quelle: Eurostat 1994; aus: Williams et al. 1997, S. 120

---

[42] Breuer, Toni (2002): Ein Dauerplatz an der Sonne…S. 25

Abb. 6: Britische Rentenzahlungen nach Südeuropa[43]

| | Rentenempfänger | |
	Jan. 1995	1990-95 *
Spanien	28097	+ 24,4
Italien	19404	+ 43,0
Frankreich	11730	+ 43,3
Zypern	5192	+ 37,2
Portugal	3208	+ 37,2
Malta	2177	+ 13,6
Griechenland	1472	+ 21,9

---

[43] Breuer, Toni (2002): Ein Dauerplatz an der Sonne…S. 25

Abb. 7: Nachteile des Alterns für Ausländer in Spanien[44]

Nachteile	Alter		Schulabschluss		Nationalität	
	< 65	≥ 65	Mittlere Reife	Universität	Britisch	Nicht-Britisch
Kulturelle Unterschiede	19,1	16,1	15,2	19,2	17,1	18,0
Sprache	72,7	69,8	77,5	61,5	75,9	61,8
Mangel an Dienstleistungen	25,5	19,5	23,2	20,2	20,2	25,8
Klima zu trocken / zu heiß	15,8	15,4	15,9	15,4	11,2	23,6
Umweltverschmutzung	34,5	24,2	28,5	26,0	27,6	30,3
Höhere Lebenserhaltungskosten	38,2	37,6	37,1	40,4	42,4	29,2
Trennung von der Familie	42,7	44,3	42,4	45,2	46,5	38,2
Schlechter Umgang mit Tieren	1,8	1,3	1,3	1,9	0,6	3,4
Lärm	1,8	0,7	0,7	1,9	0,6	2,2
Schlechter Service	1,8	2,7	2,0	2,9	1,8	3,4
Sonstige	5,5	5,4	2,0	96	4,7	6,7
Aus Rodriguez et al. 1996						

---

[44]Breuer, Toni (2002): Ein Dauerplatz an der Sonne…S. 27